浪花朵朵

微观世界
谜一样的小生命

[法]埃莱娜·拉杰克　[法]达米安·拉韦尔杜恩 著　李萍 译

科学顾问：法国国家自然历史博物馆研究员
塞德里克·于巴斯、克里斯蒂娜·罗纳德

北京联合出版公司
Beijing United Publishing Co.,Ltd.

图书在版编目（CIP）数据

微观世界：谜一样的小生命 / （法）埃莱娜·拉杰
克,（法）达米安·拉韦尔杜恩著；李萍译. -- 北京：
北京联合出版公司, 2019.12（2022.8重印）
　　ISBN 978-7-5596-3569-3

　　Ⅰ. ①微… Ⅱ. ①埃… ②达… ③李… Ⅲ. ①微观系
统—少儿读物 Ⅳ. ①Q1-49

　　中国版本图书馆CIP数据核字(2019)第191299号

Les mondes invisibles des animaux microscopiques © Actes Sud,France,2016
Simplified Chinese rights are arranged by Ye ZHANG Agency(www.ye-zhang.com)

本书中文简体版权归属于银杏树下（北京）图书有限责任公司

微观世界：谜一样的小生命

作　　者：[法]埃莱娜·拉杰克　[法]达米安·拉韦尔杜恩
译　　者：李　萍
出 品 人：赵红仕
选题策划：北京浪花朵朵文化传播有限公司
出版统筹：吴兴元
编辑统筹：张丽娜
责任编辑：昝亚会　夏应鹏
特约编辑：张丽娜　秦宏伟
营销推广：ONEBOOK
装帧制造：墨白空间·余潇靓

北京联合出版公司出版
（北京市西城区德外大街83号楼9层　100088）
鹤山雅图仕印刷有限公司印刷　新华书店经销
字数57千字　787毫米×1092毫米　1/8　7.5印张
2019年12月第1版　2022年8月第6次印刷
ISBN 978-7-5596-3569-3
定价：99.80 元

序 言

要着手探索我们身边的微观世界，首先得配备手持放大镜。它小巧好用，出门散步时可随手装入口袋或背包。有了它，我们就能大开眼界，发现大量微小的生命——它们和其他生物一起构成了丰富多彩的自然界。

我们对自己所生活的世界往往只是管中窥豹，对生活在身边的生物也只略知一二——因为它们中的大部分都个体微小。往往想要找到那些微型生物，真的需要睁大眼睛，必要时还得借助工具。其实也不必大费周折，当你散步归来，回到家中，借助双目放大镜或显微镜，就能有大发现！我们将与数不尽的千奇百怪的生物们面对面。它们外形千变万化，行为方式多种多样，习性不尽相同，所有这些都值得我们花点儿时间去观察、琢磨。

但是，这些微型生物都躲在哪儿呢？它们是谁？本书无法讲述所有的微型生物；作者所选取的这些微型生物代表，都是我们或在家中，或外出散步，或在淡水中游泳，或是潜入海底就能发现的，它们曾被称为"微动体*（animalcule）"。

微型生物种类之繁多令人难以置信，其中一些已为人所熟知，另一些我们则不甚了解。它们有的自由生活，有的固着生活；有的在水面，有的在水中；有的在物体表面，有的深入物体内部；它们或是寄生者*，或是捕食者，或食草食叶，简而言之，它们多种多样。一起来学着寻找、观察它们，理解它们吧。

当你展开那些漂亮的折叠页时，千万不要被眼前的景象惊吓到。两位作者用精美的画作展现了这些小生命，虽然有点儿吓人，却细腻逼真。它们将为你开启意想不到的全新视角。离开这些微型生物，地球上也就不可能有别的生命存在。举几个简单的例子：想想它们在土壤中所扮演的不可或缺的角色，对依赖土壤生存的那些生物以及对农业所发挥的作用；它们还是高效的废物回收者——不管是在厨房的隐蔽角落，还是在我们的床上；至于它们在海水和淡水里上演的"水中芭蕾"对地球的生态平衡所起的作用，又岂是只言片语可以说明的？只要我们不去破坏它们的生存环境，任其自由繁衍，这些微型生物的生命活动就将一直持续下去……

快来翻开书页，跟随作者，你将以不同的方式看待身边的世界。忘掉对微型生物不好的印象，让惊喜拥抱你！

克里斯蒂娜·罗纳德
法国国家自然历史博物馆（巴黎）教员、研究员
生物学博士、蛛形纲专家

* 见书末专业名词解释

想象力的真正自由在于意识到自己的有限。

——罗伯特·波格·哈里森（斯坦福大学文学教授、美国艺术与科学院院士）

目　录

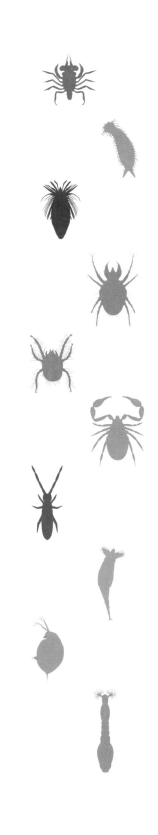

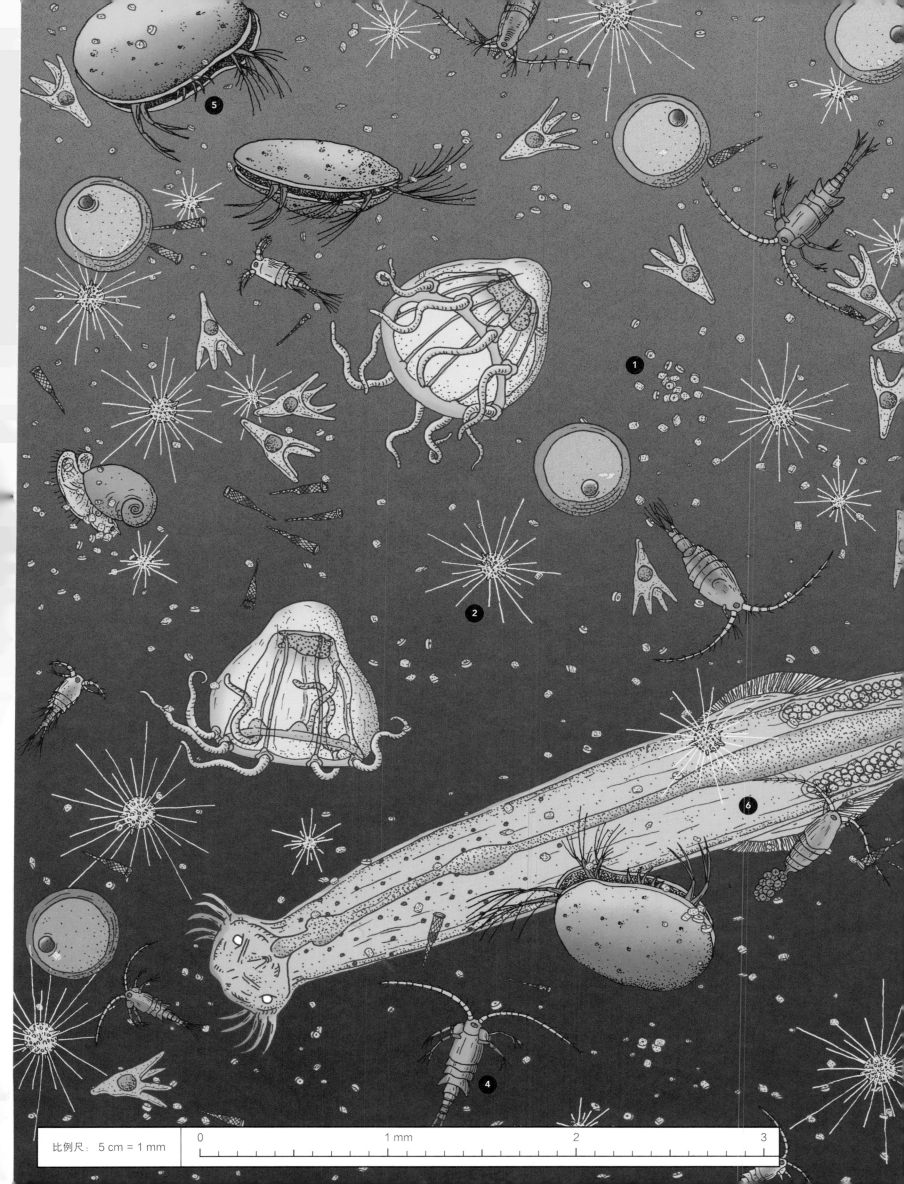

比例尺： 5 cm = 1 mm

盛大的水中芭蕾

0.03~0.05 mm

❶ 硅藻

硅藻是一种微型的单细胞*藻类，细胞壁为透明的硅质（主要成分是二氧化硅），外形因种类而异，有长有圆，甚至还有三角形的。它们构成了桡脚类和介形虫啃食的微型"草原"。作为海洋食物链*的底端，它们对海洋动物来说必不可少。此外，我们所呼吸的氧气有近一半是它们制造的。

另见第3b页、第17b页、第19b页

0.05~0.3 mm

❷ 放射虫

放射虫是一种单细胞的原生生物*。它纤弱的身体向四周辐射出多个针状伪足，穿透多孔的中央囊面。放射虫外壳形状多样，起保护作用。

另见第5b页

0.05~0.3 mm

❸ 砂壳纤毛虫

纤毛虫也是一种原生生物*，因长有运动纤毛而易于辨认。砂壳纤毛虫隐蔽在它喇叭状的壳里。原生生物和硅藻是诸多浮游动物的食物。

另见第17b页

1 mm

❹ 桡脚类

这种微型甲壳动物*身形似小型虾类，广泛分布于各种水生环境，却又鲜为人知。它们占据海洋浮游生物的60%，是鱼类、虾类及水母的主要食物，也是海洋食物链*的一个重要环节。

另见第3b页、第5b页、第17b页、第19b页

1 mm

❺ 介形虫

介形虫乍看像个微型贻贝，实际上，它并不是由贝壳保护着的软体动物，而是由甲壳起保护作用的甲壳动物*。它的甲壳微微张开时，可看到探出的触角和足末端。介形虫游泳、行走靠的都是这些足。

另见第17b页、第19b页

2~12 mm

❻ 毛颚动物

这种动物身形似鱼雷，是可怕的捕食者。由于头部两侧长有可活动的颚刺，口大且有力，它

们能将抓获的桡脚类一口吞下。食物匮乏时，这种食肉动物甚至还会同类相食。

1 mm

❼ 水螅（xī）水母

水螅水母是一种个头很小的海生水母。同它的大型近亲一样，它随波逐流，身体柔软呈胶质。由于身上覆盖着数以千计的毒性叉刺，对海里的多种动物来说，它是危险的捕食者。

0.5 mm

❽ 鱼卵

为了保证后代的存活，鱼儿们通常会产下巨量的卵。这些卵被海水带动着，跟浮游生物一起漂移。鱼卵和从卵中孵化出的幼鱼（鱼苗）都是捕食者极易获取的猎物，仅有极少数能长到成年阶段。

2.5 mm

❾ 虾的溞（sāo）状幼体

甲壳动物，如虾，成年之前的几周在浮游生物群中度过，连续蜕皮几次后逐渐达到成年大小。刚刚孵化出的溞状幼体外形已与成体相近，只是个体偏小。

1.8 mm

❿ 蟹的大眼幼体

浮游生物囊括了种类繁多的海洋动物幼体。在长大的过程中，这些动物幼体成功摆脱水流控制，要么像鱼儿一样自由活动，要么像螃蟹一样落入海底，进入底栖层。螃蟹的大眼幼体阶段紧跟在溞状幼体阶段之后。

0.45 mm

⓫ 海胆的长腕幼虫

刚从卵中孵化出的海胆幼虫有三条、四条或六条像足一样的长腕，形似微型埃菲尔铁塔。每个"铁塔"最终会释放出一只幼年海胆。随着骨骼的发育，幼年海胆体重逐渐增加，沉入海底，进入底栖层，这时它就不再是浮游生物了。

0.5 mm

⓬ 海螺的面盘幼虫

阶段性浮游生物还包括某些软体动物，如海螺的幼虫。处于面盘幼虫阶段的海螺从外形看已类似于成年体态，不同的是，它有一个长着纤毛的盘状结构，可在水中浮游。

盛大的水中芭蕾

数不尽的微小生命在大洋、大海里随波逐流，组成了海洋浮游生物。微型甲壳（qiào）动物*，如桡（ráo）脚类、介形虫，在浩瀚如云的硅藻群中旋转漂浮，不时顺口将硅藻吸入；这儿，水流翻卷起鱼卵，微型水母正在其中翩翩起舞；稍远一点儿，一只虾幼体跳动着拨开一团你推我搡的海胆幼虫；下方，一只略显笨重的螃蟹幼体无法在水流中保持平衡，正缓缓沉入海底。不过幸运的是，它刚巧躲过一条箭一般冲来的捕食性虫子*（那是毛颚动物）。海洋里的鱼类和哺乳动物被这些丰富的食物吸引而来，也加入了这场盛大的"水中芭蕾"。

尽情徜徉在热闹的海洋，欣赏这些千姿百态的海洋生物吧。

X 50 →

大西洋

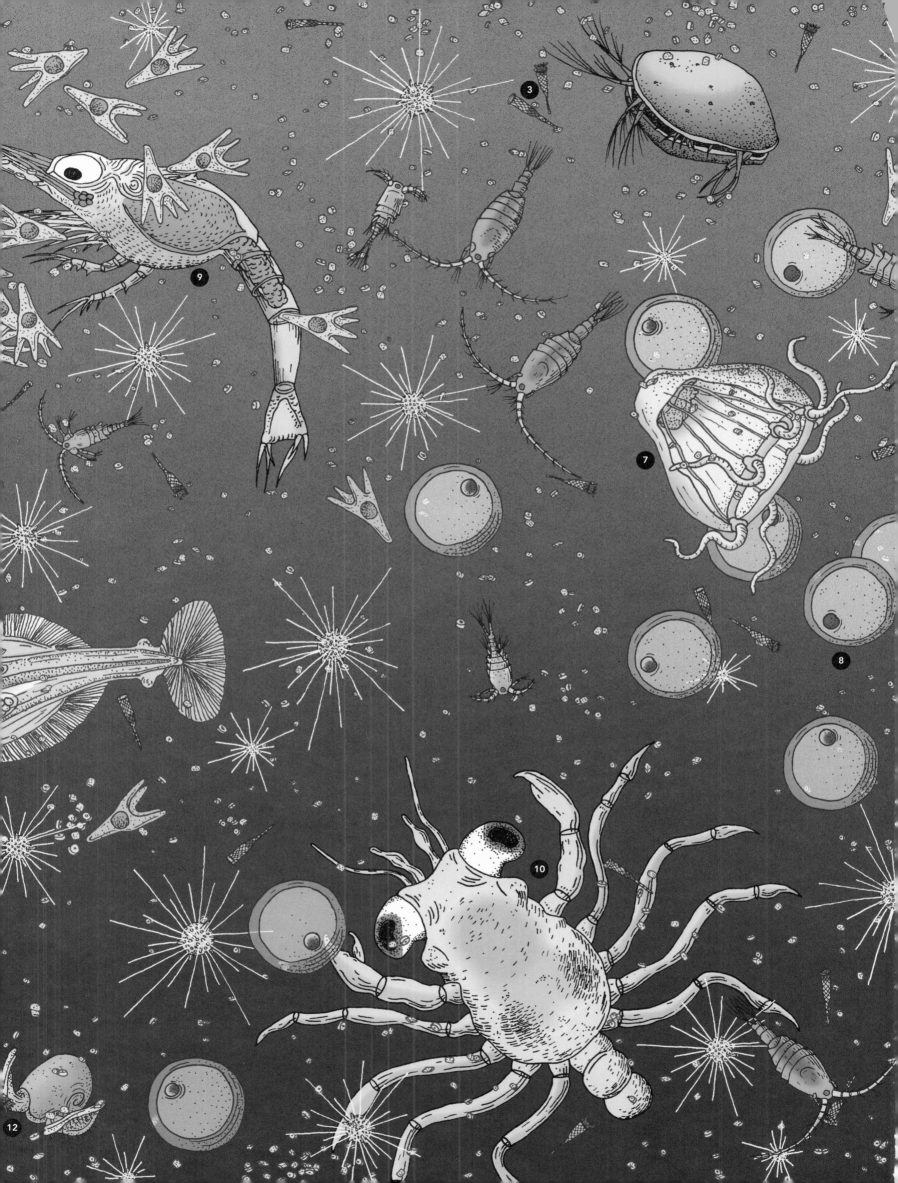

0   0.5   1 mm

海滩隐士的秘密生活

0.2~0.5 mm

1 沙粒

沙粒是极小的岩石、矿物及贝壳碎块。沙滩的性质因沙粒的大小而异：颗粒越细小，沙滩就越细腻。这儿看到的属细腻的沙滩，沙子颗粒大小约半毫米。因为沙粒之间的缝隙可渗水，对很多微型动物来说，这缝隙就是理想的藏身之地。

0.5~1 mm

2 有孔虫的外壳

有孔虫外形呈球状且个头小，可能会被误认作沙粒。实际上，它们是单细胞生物，归属原生生物*这一大家子。

另见第5b页

0.1~0.5 mm

3 硅藻

沙子中可以找到的硅藻都是长形的。这些微小的藻类是诸多微型动物——如腹毛动物、桡脚类和线虫的家常便饭。

另见第1b页、第17b页、第19b页

0.5 mm

4 须虾

和生活在沙粒缝隙中的很多动物一样，须虾身体细长，因而能够在狭窄的通道中蜿蜒穿梭。这种小型甲壳动物*仅有一只眼睛，靠两根长有纤毛、形似长天线的触角捕获食物，水中的碎屑、线虫、细菌*及其他微生物都是它的食物。它身体近乎透明，个头较小，我们仅凭肉眼不太可能观察到。

0.2 mm

5 缓步动物（俗称"水熊虫"）

这种长得像微型"小熊"的动物半透明，广泛分布于地球的多个角落。生活在沙滩上的缓步动物爪子有黏性，能紧挂在沙粒上。

另见第15b页

0.4~1 mm

6 线虫

这种小型虫子*皮肤光滑，是沙滩上数量最多的动物。由于个头小、身体细长，它能在沙粒间自如穿梭。线虫的食性因种类而异。有些以硅藻甚或细菌*为食，有些则捕食其他种类的线虫。

另见第5b页、第13b页、第15b页

0.8 mm

7 腹毛动物

腹毛动物是一种生活在沙滩以及海底沙子中的小虫子*。这个贪吃鬼行动时总是张着口，好捕捉更多细菌*、藻类和放射虫。它双目失明，借助分布在口周围的感觉纤毛探测食物。

另见第17b页

1 mm

8 桡脚类猛水蚤

这种微型甲壳动物*长相独特，易于辨认：它仅有一只眼睛，位于头中央；触角可用来游泳。虽然大部分桡脚类生活在海洋浮游生物间，身体细长的猛水蚤却喜欢生活在海滩上的沙粒之间。

另见第1b页、第5b页、第17b页、第19b页

0.4 mm

9 海螨

海螨是一类喜欢生活在沙滩和海底沙子中的蜱螨*。它们用坚实的盾板在沙粒中开辟道路，寻找硅藻和碎屑。

6 mm

10 钩虾

许多生活在海滩上的动物会借着落潮时机钻入沙滩深处，如竹蛏（chēng）和沙肠虫（或称"沙虫"）。钩虾是类似虾的小型甲壳动物*，它也偏爱在地下的潮湿环境中寻找食物。

海滩隐士的秘密生活

当我们躺在沙滩上时，很难想象自己的脚下正活跃着一个微型生物群。在沙粒之间那狭小到微不足道的缝隙里，形似百足虫的小型甲壳动物*须虾正蜿蜒前行，追捕线虫；稍远一点儿，一种名叫腹毛动物的微型虫子*正津津有味地吃着微型海藻；几只海生缓步动物正在"攀登"沙粒；钩虾这样的"巨型"掘地动物也是这个地下空间的常客。对它们来说，这些幽暗潮湿的迷宫既是理想的藏身之地，也是装满食物的食品柜。

快来看看守护着广阔沙粒迷宫的地下微型生物群吧。

X 135 →

气候温和的海滩

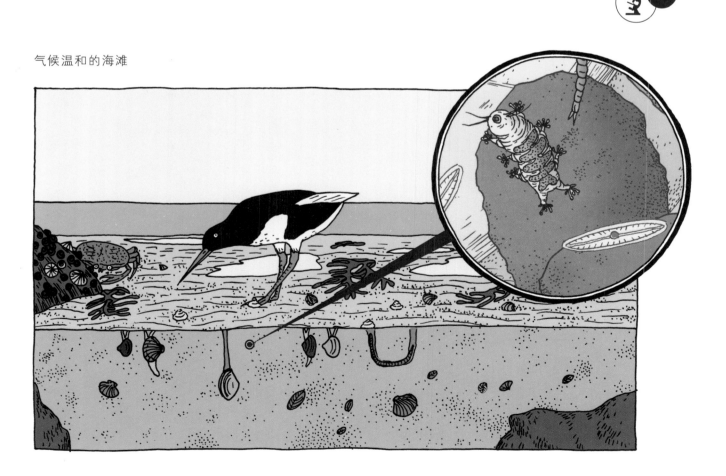

10

海底的幽暗派对

1 放射虫的外壳

放射虫死后，沉入海底，同其他浮游生物尸体一起形成泥状沉积，我们称之为海洋沉积物。

0.5 mm

另见第1b页

2 有孔虫的外壳

有孔虫的外壳形状、性质与放射虫不同。有孔虫的外壳呈圆形、钙质，放射虫的外壳则为硅质骨架。死亡后的有孔虫同其他浮游生物的尸体一样，沉入海底，构成"海洋落雪"一样的海洋沉积物——它是取之不尽的食物来源，关系着底栖生物的生死存亡。

0.5 mm

另见第3b页

3 桡脚类猛水蚤

缺氧的淤泥中物种稀少，然而，某些生物却能在此大量繁殖，如桡脚类和线虫。成群结队的猛水蚤在淤泥中你来我往，寻找食物（由浮游生物和细菌*的尸体构成）。

0.5 mm

另见第1b页、第3b页、第17b页、第19b页

4 线虫

这类小型虫子*身体光滑透明，遍布海底。

0.5 mm

另见第3b页、第13b页、第15b页

5 铠甲动物

这类微型动物发现于20世纪80年代，外形似花瓶，不过从"花瓶"里伸出的是又长又细的棘刺。由棘刺构成的冠状结构可使它固定在沉积沙粒上。它们适应无光、缺氧以及高压环境，因此能够生活在海平面3000米以下的深海。

0.2~0.5 mm

6 动吻动物

0.8 mm

动吻动物外号"淤泥之龙"，是一种嗜极端生物*，能够忍耐极端条件。由于不会游泳，它进化出一套在沉积物中穿梭的独特策略：借助头的一伸一缩，推动自己前进。那些覆盖身体的棘刺可帮助它固定在周围物体上。有关动吻动物的秘密尚未全部揭晓。科学家们正全力研究，以揭示它的进食和繁殖方式。

7 颚胃动物

0.9 mm

这种虫子*的身体上覆盖着纤毛，借助身体的蠕动和纤毛的颤动在沉积沙粒间滑行。尽管它长着捕食者的强大口器，却只用它来吃真菌*和细菌*！

8 多毛虫

20 mm

多毛虫生活在大洋大海里。因为身体从前到后长着很多成对的"桨"（学名"疣足"），它既能游泳，也能钻入海底的沙子中。在诸多的海底微型生物中，多毛虫是以大型破坏者和饭量巨大的捕食者的形象出现的。

海底的幽暗派对

幽暗缺氧的海底看似没有居民，实际上，谜一般的微型生物们正在淤泥中悄然前行。细菌*和浮游生物的尸体如雪片般落下；身体多棘的幽灵——**铠甲动物**就出没在这隐秘的水域里；在一层攒动的**线虫**中，长着尖锐有力大口的虫子*——**颚胃动物**正游荡着寻找真菌*和细菌*；不远处，"淤泥之龙"——**动吻动物**在杂乱繁多的碎屑和一群群**桡脚类**中辟出一条道路；猛然间，淤泥抖了一下，随后裂开，从中冒出一个长2厘米的"巨型"怪物——**多毛虫**。

潜入大洋中，一览海底的幽暗派对吧。

大西洋浅海海底，深30米

14

比例尺：10 cm = 1 mm

0　　　　　　　　　　　　　　　　　　　　　1 mm

床上微丛林

0.3 mm

❶ 欧洲室尘螨

螨虫属于蜱螨*的一大类。螨虫种类繁多，大小、外形、生活方式不尽相同。欧洲室尘螨是其中最常见的种类，它们生活在室内，悄然隐蔽在地毯、窗帘、扶手椅、床铺、灰尘之中。滋生于我们住所中的螨虫数目不可小觑。形象一点儿说，一克灰尘中就包含一个有上千只螨虫的社群，一个枕头可供养数十个这样的社群，一张床就如同一个有二百万居民的城市！

另见第11b页

❷ 皮屑

人类每天都会掉皮屑，就是那些小片的死皮以及小块的手指甲、脚指甲。一克这样的垃圾，就能养活数万只欧洲室尘螨。

❸ 微型真菌*

在床垫和枕头的纤维中，蔓延着大片的匍匐曲霉"丛林"。匍匐曲霉是一种微型真菌*，它作用于落在床垫上的皮屑，将它们转化成尘螨可以食用的食物，而尘螨则通过传播孢子，帮助曲霉扩散。

0.5mm (雄性) 0.6 mm (雌性)

❹ 普通肉食螨　雄性

❺ 普通肉食螨　雌性

普通肉食螨是欧洲室尘螨的主要捕食者。它靠身体前部两个强壮的钳子抓捕并刺穿猎物，接着向猎物体内注射一种具有麻痹和消化作用的液体，然后将内容物全部吸干。食物短缺时，这种贪吃的螨虫不惜同类相残。雌性个体比雄性略大。同某些蜘蛛一样，雌性在卵孵化之后的最初几天也会将小宝宝背在背上。

❻ 螨虫排泄物

与其他螨虫*不同，欧洲室尘螨对人类的攻击性并不体现在叮咬上，而在于由其排泄物导致的过敏。实际上，它们的粪便分解形成的颗粒极其细小，小到可以进入肺部。有些人的过敏反应表现为打喷嚏，流鼻涕；有些人则会发生严重的哮喘。对过敏人群来说，与这些"隐形"的敌人共处一室是件麻烦甚至危险的事情，他们不得不想尽办法清除螨虫，或者至少也要减少螨虫的数量。

以下几种方法可使螨虫不那么容易存活：

· 房间不要太热，因为螨虫喜热；

· 尽量多通风透气，因为螨虫喜潮湿；

· 常用吸尘器清洁，不给螨虫留下大餐。

床上微丛林

晚上，你躺在床上，熄灭了灯烛，就在你被睡意笼罩的时刻，床上那个微丛林却活跃热闹起来。静悄悄的卧室里，尘螨被你的体热和汗液注入能量，苏醒过来。它们成群结队地踏上征程，前往床单纤维里的微型真菌*密林深处，去寻找我们的皮屑，那是它们钟爱的美食；不过，平静的盛宴很快就被凶猛捕食者的到来搅乱，普通肉食螨一来，尘螨立刻四处逃窜。跑得不够快？那就只能被捕食者的利钳尖爪开膛破肚，一口吞下了。这场猎杀会一直持续到清早，直到你起床。

看到这里，你还有勇气深入这个微型丛林吗？

温暖或湿热的居家环境

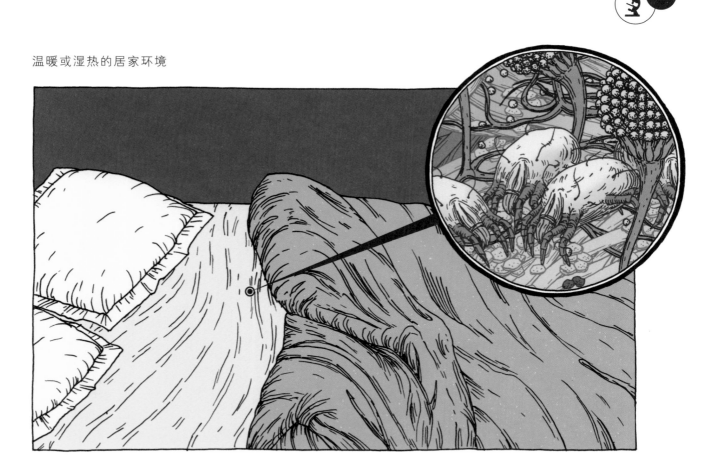

比例尺：6 cm = 1 mm

攻击皮肤的亲密敌人

❶ 蚊子

4 mm

同蜱虫和虱子一样，蚊子也是吸血动物，以另一种动物的血液为食，来维持生命。它们把刺吸式口器插入宿主的皮肤，吸取宿主的血液。刺入时注入的物质可导致过敏反应，使皮肤刺痒、红肿。不过，蚊子的真正可怕之处并不是叮咬，而是那些由它们传播扩散的疾病。

❷ 人蚤

2 mm

人蚤是一种以我们的血液为食的昆虫*。通常，这些迷你吸血鬼一顿饭要叮咬好几次，每次叮咬都会在皮肤上造成一个肿包。虽然它们现在几乎绝迹，但是它们的近亲——猫和狗身上的跳蚤也很喜欢喝我们人类的血。

❸ 蜱虫（俗称"草爬子"）

3 mm

蜱虫属于体形较大的蜱螨，常常出没于树林和草丛。它们为了生存，需要寻找不同的宿主来吸食血液，比如人类。选定宿主后，蜱虫将尖锐的螯肢牢牢插入宿主皮肤，再注射一种有麻醉作用的唾液，就开始安安静静地享受美食了。吸取血液时，蜱虫以肉眼可见的速度明显膨大，最终能达到原体重的600倍。吸饱血后，蜱虫松开螯肢，自动滚落。

❹ 疥螨

0.4 mm

在十分罕见的情况下，皮肤会被一种危险的螨虫——疥螨大举入侵。一旦到达宿主身上，疥螨立刻开始繁殖。雌疥螨在皮肤下方划出小的沟槽，在其中产卵。将来，整个疥螨家族都可以在这个舒适的隐蔽处悄悄发展壮大。疥螨挖出的坑穴会导致严重的瘙痒，造成小面积的创伤，这就是疥疮的症状。疥螨幼虫长大后，会爬出来，到我们的皮肤表面生活，也因此能够神不知鬼不觉地跑到另一个宿主身上，所以疥疮是一种极具传染性的疾病。

❺ 恙螨幼虫

0.3 mm

夏季您在草场或草坪上光着腿行走时，要留意恙螨——更确切地说，是它们的幼虫。红色的恙螨幼虫特别贪婪。它们附着在皮肤上，尤其是褶皱处，叮咬皮肤，注入可消化细胞的唾液，并形成一种小吸管样的茎口来吮吸细胞液。叮咬处会产生红色小水疱，并伴随强烈的瘙痒感。

右图之外

0.3 mm

毛囊蠕形螨

毛囊蠕形螨这种螨虫未见于右图，因为它不像我们前边所介绍的那些动物，可以在腿上找到，它只出现在我们的面部。

这种形似蠕虫的微型动物长着8条短腿，喜欢待在我们的鼻子、眉毛、睫毛、额头上以及耳朵内，尤其喜欢躲在毛发基部，以死亡细胞和皮脂为食。它趁夜出动，在我们的皮肤上匍匐前行，与伴侣交配。多数情况下，它的存在并无危险性，因此不被认为是寄生虫。然而，对有些人来说，数量过多的毛囊蠕形螨会导致皮肤大片红肿。不过孩子们不会受此困扰，这些迷你侵略者只在成人和老人的面部繁衍。

攻击皮肤的亲密敌人

皮肤是人体抵御外界攻击的屏障，不过，总有一众小动物为了寻找食物和栖身之所而疯狂攻击它。一只脱离大部队的蚊子停落在你的小腿上，用它的刺吸式口器扎了你一下，开始吸取血液；几毫米远处，一群恙螨幼虫刚刚咬了你几口，用毒液攻击你的皮肤细胞；一只雌性疥（jiè）螨在你的皮肤下安营扎寨，挖出一条条隧道，用来存储它的卵；一只巨大的蜱虫攻占了一处皮肤褶皱，将螯肢插入其中，吸了个血饱；更远处，一队微型螨虫——毛囊蠕形螨把"司令部"建在了你的眉毛中间，获取每天必需的皮脂供给。因为个头偏小，这些叮咬、抓挠、啃噬我们的攻击者很难对付，也很难被撵走；好在它们极少同时发起进攻。

鼓起勇气，正视并进一步了解这些亲密的敌人吧。

X 60 →

人的皮肤

攻占厨房的迷你贪吃鬼

1 盐粒

2 毛发

3 织物纤维

4 花粉颗粒

5 皮屑

室内灰尘由无数极小的碎屑组成，比如毛发、死皮块、手指甲、脚指甲、我们衣服上掉下的织物纤维，以及昆虫*尸体，甚至植物散布的花粉颗粒，等等。如果是在厨房里，当然还会有各种食物残渣，比如面包屑、盐粒、糖粒等。这些碎屑堆就构成了诸多微小动物丰富充足的食物储备。

6 面包蠹虫幼虫

7 面包蠹虫

同金龟子一样，面包蠹虫（又名"药材甲"）也属于鞘翅目昆虫*。它们通常生活在大自然中，不过为了寻找食物，有时也会登门入室。面包蠹虫成虫生命短暂，不饮不食，但它的幼虫可是个十足的贪吃鬼。用小麦粉制作的食物，比如面包、饼干，是它的最爱，不过它也会危害书本、布料等物品。

8 甜果螨

某些螨虫会危害到我们的食品储藏，甚至在橱柜中横行霸道，甜果螨就是其中一员。它们大快朵颐地享用我们的糖制品和酒制品，如蜜饯、果酱、蜂蜜、红酒和啤酒。

9 粗脚粉螨

粗脚粉螨入侵我们的厨房，图的就是嚼上几口饼干和其他小麦粉制品。粗脚粉螨还对某些奶酪皮情有独钟，所以也叫奶酪螨。在法国和德国，奶酪制作者们甚至会将它们薄薄地撒在奶酪皮上，借此使奶酪成熟。粗脚粉螨可使奶酪疏松多孔，而且带来独特的风味。另外值得一提的是，直到

17世纪，粗脚粉螨还被认为是世界上最小的动物——多亏显微镜*的出现和发展，使我们发现了一批批更小的动物。

10 尘螨

成堆的灰尘为两种螨虫*（欧洲室尘螨和美洲室尘螨）提供了丰富多样的食品。虽然这些螨虫在进食过程中能帮我们消除一部分灰尘，不过它们的粪便会分解形成更加细小的颗粒。这些颗粒就是导致一些人过敏的主要原因。

另见第7b页

11 啮虫（俗称"书虫"）

你家里极有可能住着啮虫，只是这种微小的昆虫*常隐藏在暗处，在踢脚线、线脚后面甚至地板下面匍匐着，所以很难被察觉。墙纸的背面也是啮虫的理想藏身地，它们津津有味地享用那里滋生的霉斑。翻看旧书的时候，你或许会碰巧撞上几只，因为它们酷爱装订用的胶水。因此，这种外号"书虫"的虫子成了图书管理员和旧书爱好者的心腹之患。

12 伪蝎

你知道吗，蝎子的食肉近亲——可怕的伪蝎是家中常客？这些捕食者有丝般的纤毛，对任何微小异动都极其敏感，借此来探测猎物。一旦抓获猎物，它就用强劲的毒钳子将其按住，接着注射一种消化液，将内容物降解为可吸食的糊状物。不过别慌，这种蛛形纲*节肢动物对人类完全无害，甚至还有用：它们能减少家中蚊子、螨虫和啮虫的数量。而且，它们一般生存在室外，到访室内这种事情只是偶尔为之。

另见第13b页

攻占厨房的迷你贪吃鬼

你仔细查看过家中厨房的角角落落吗？那儿可驻扎着好多小贪吃鬼呢。这边，尘螨围着一堆饭渣、毛发和皮屑大摆宴席；稍远一点儿，面包蠹（dù）虫幼虫正为了一块饼干碎片跟粗脚粉螨吵得不可开交；就在附近，几只甜果螨在一小摊果酱前就座了；墙上的一道裂缝里，一窝啮虫发现了一层薄薄的霉斑，津津有味地吃起来；这时，室内迷你猎手——伪蝎到来，加入了盛宴，准备将其他参宴者一口吞下。

我们来近距离观察一下这些不请自来、到我们厨房享用残渣剩饭的贪吃鬼吧。

温暖的居家环境

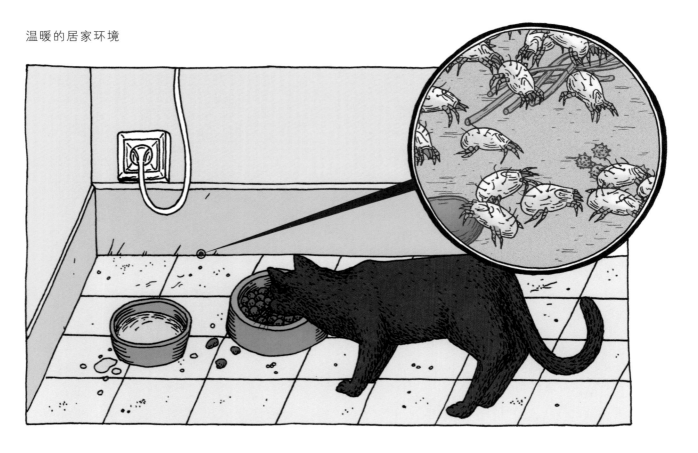

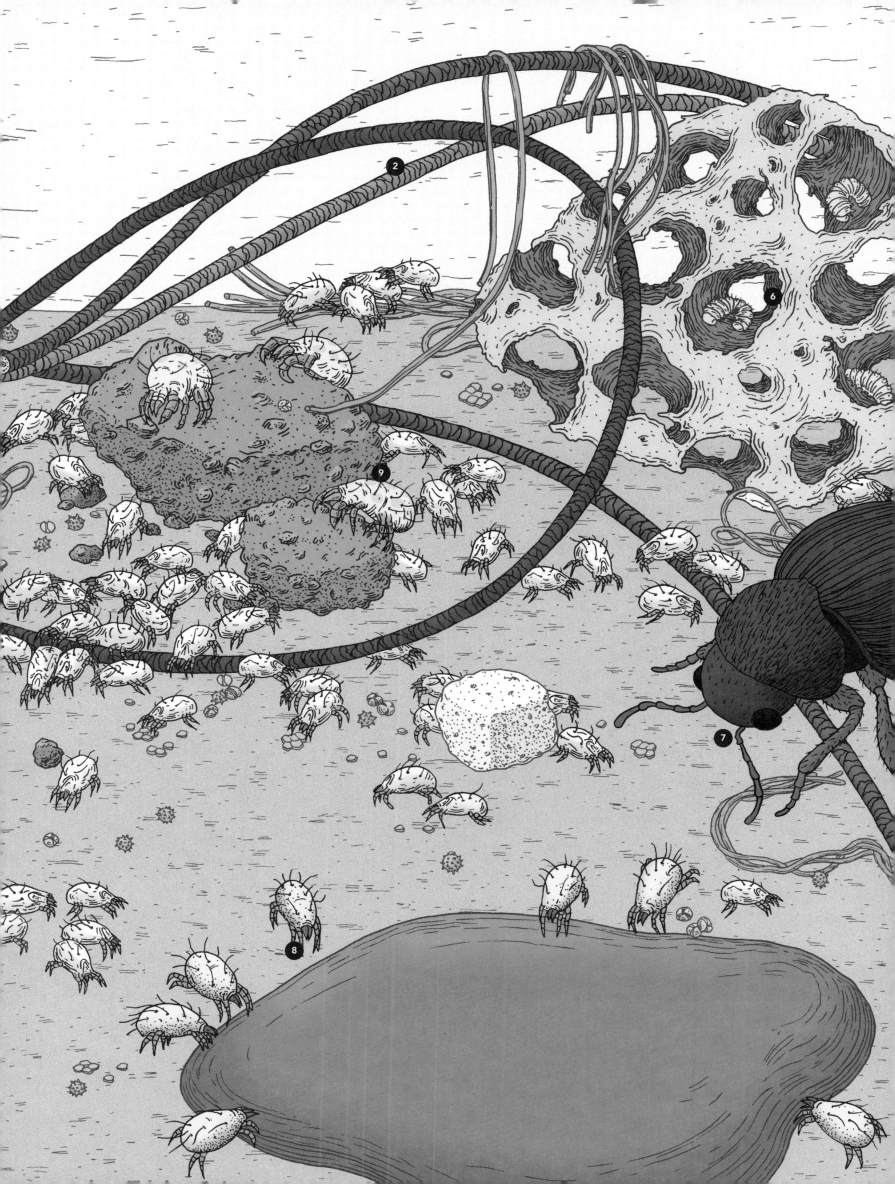

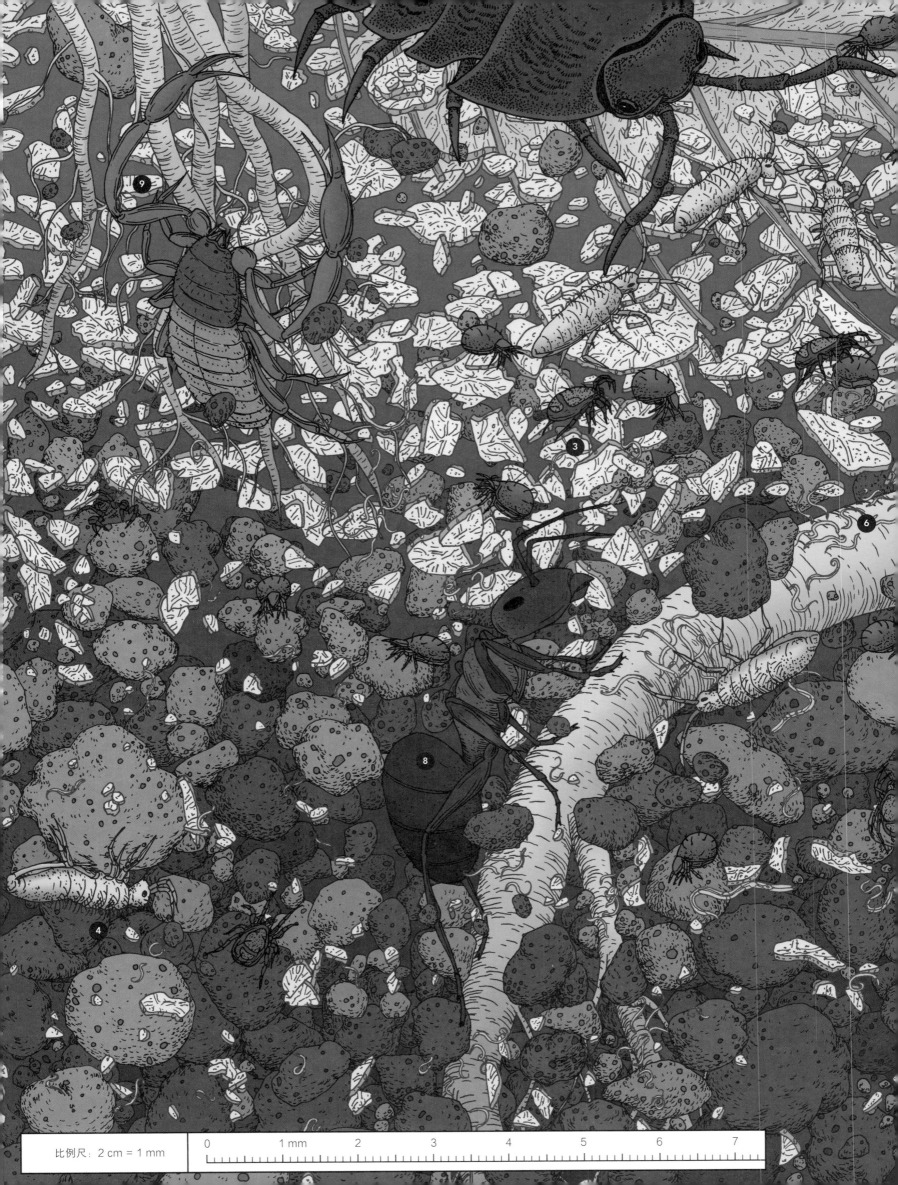

森林土壤中的大工厂

❶ 降解中的树叶

森林土壤由好几层组成，从表面的落叶层一直到底部的岩石层。每到秋天，树叶落下，在地表形成落叶层。落叶层被大量有机体（动物、细菌*和真菌*）分解，形成下面那层腐殖质层。这层土壤就是黑色、潮湿、散发着芬芳气息的森林土壤，它格外肥沃，对植物的茁壮生长至关重要。

❷ 甲螨

❸ 革螨

0.7 mm

0.7 mm

甲螨广布森林土壤中。它们同其他动物一起参与落叶层的分解，将落叶粉碎成可以吞下、消化的微小碎块。甲螨的显著特征是背上有个坚硬的圆形"盔甲"，感受到威胁时，它会将身体蜷缩在"盔甲"之下。不过有些甲螨也会采取伪装策略：将身体覆盖在小片碎屑之下，使自己看上去与土壤融为一体。革螨并不参与树叶分解，它们是无情猎杀近亲的捕食者。

另见第15b页

❹ 弹尾虫（俗称"跳虫"）

1.5 mm

弹尾虫也是落叶层分解者。为了进食，它们会扒拉落叶的上层，也方便了其他生物（如细菌*、真菌*和甲螨）继续分解。它躲避敌害的手法颇为壮观：瞬间展开藏在腹部之下的跳跃器官——弹器，将自己像个弹簧一样抛出去。

另见第15b页

❺ 鼠妇（俗称"潮虫、西瓜虫"）

3 mm

鼠妇是唯一一种完全陆生的甲壳动物*。它们也参与有机物质的降解。得益于强壮的口器，它们可将落叶刺穿、切割成碎块以便食用。为了保护自己，它们会像犰狳（qiú yú）一样卷成球。

❻ 线虫

长0.5 ~ 2 mm

线虫是一种微型虫子*。如在其他环境中一样，它们在土壤中的数目也相当可观，为土壤生物群提供了充足的食物。

另见第3b页、第5b页、第15b页

❼ 蚯蚓（俗称"地龙"）

长100 mm

蚯蚓是一种环节类虫子*，肌肉发达有力。它们是土地耕耘者，花大量的时间开凿"地道"，让土壤得以呼吸，水分更易渗入。得益于蚯蚓的活动，植物的根系可以更容易地扩展，找到需要的水源。此外，通过吞咽和吐出经过消化的土壤，这个"土壤肠道"（哲学家亚里士多德的说法）有助于将落叶层转化成腐殖质，并参与土壤不同分层之间的混合。

❽ 红褐林蚁

6 mm

同蚯蚓一样，红褐林蚁也是土壤"建筑师"。它通过建造蚁窝，使土壤通风透气。在它建造那些复杂的巷道和房室的过程中，土壤也被顺便搅动、混合了。

❾ 伪蝎

3 mm

森林土壤是伪蝎特别钟爱的"猎场"，生活在其中的螨虫和弹尾虫是它最爱的猎物。捕猎时，它躲藏起来，一动不动，静待猎物经过。伪蝎没有翅膀，如何远涉长途呢？伪蝎的办法既方便又不耗费能量：挂在比自己重的会飞的昆虫*（苍蝇或蜜蜂）腿上，"非法"旅行。

另见第11b页

❿ 石蜈蚣

20 mm

石蜈蚣是一种棕色的小型百足虫。腐殖土是它理想的藏身之所。在这里，它既可以躲避不能忍受的亮光，也可以找到丰富的食物。作为捕食者，石蜈蚣是螨虫、弹尾虫甚至伪蝎的噩梦，因为它动作敏捷、有毒，被它咬几口就能致命。

森林土壤里的大工厂

森林土壤里生活着数以十亿计的微小动物，它们不分昼夜，辛勤劳作，改良着林中土壤。为了将落叶转化成对植被有利的肥沃土壤——腐殖土，它们在地表搭建出一个名副其实的"大工厂"。这边，弹尾虫抓来挠去，一丝不苟地破坏着落叶层表面；附近，鼠妇正在"流水线"上切割叶片，之后，就轮到甲螨将切好的碎块二次破碎；一种小型百足虫——石蜈蚣正密切关注着这个小世界，伺机而动，谁稍有差池，就会被它吞食。下方，其他"工人"正忙着混合土壤，给土壤通风透气：一条蚯蚓钻出一条条地道，将不同土壤层的各种元素混合在一起；红褐林蚁衔起泥粒，正要将它运回蚁穴。

快来参观一下这个"回收工厂"吧，跟那些辛勤劳作在暗处、终日致力于维护生态系统*平衡的"工人"打个招呼。

湿润地带的森林土壤

一丛苔藓的复苏

① 苔藓

苔藓是水生植物，生长在潮湿的土壤、岩石或森林树干表面。它们不具有可从土壤中吸收水分和养分的根，只能借助叶片表面那层薄薄的水膜，将水分和养分储藏在叶片中。纤细的鳞片叶同时也是诸多微型水生动物的庇护场所。然而苔藓的生死却受天气左右。为了能在久旱中存活下来，它们会进入休眠期或慢速生长期，也就是说，生命活动（呼吸、生长等）降至最低状态。脱水时，它们几周内变黄，看似已经死亡，但一遇水分，它们就再次恢复生机，变得鲜翠欲滴。

0.4 mm

② 缓步动物（俗称"水熊虫"）
③ 休眠中的缓步动物

苔藓中生活着大量的缓步动物。贪吃的它们拖着8条带爪的腿，在苔藓丛中踱来踱去，寻找轮虫和微型藻类。苔藓干枯时，这些缓步动物会激活它们的超级休眠能力——隐生。它们一动不动，逐渐失水，直至失去体内99%的水分，变成一个干瘪的小球。休眠可持续几天，甚至几年，直至时机有利、环境适宜时再次复活。这种"小熊"也能够对抗极端温度，在超高压环境和缺氧条件下也可以存活。得益于这些非比寻常的超级抵抗力，缓步动物几乎征服了地球上每个角落：从海底深渊到喜马拉雅山顶峰。最近的一项科学试验甚至表明，它们能够在没有空气的太空中存活。

另见第3b页

0.2 mm

④ 轮虫
⑤ 休眠中的轮虫

苔藓丛中蕴含的水分同时也为那些可伸可缩、长着两个纤毛轮盘的轮虫提供了庇护之所。同缓步动物一样，轮虫也可休眠。感受到缺水时，它们将头部和唯一的足蜷起来，收缩变小，披上一种由分泌物形成的保护层，进入休眠状态。当外部条件有利时，它们再次鼓胀，苏醒过来，重新操起主业——猎食细菌*。

另见第17b页

长0.5 mm

⑥ 线虫

苔藓丛中的水里充满了大量线虫。这种虫子*身体半透明，四处蠕动、摇摆。干旱时，它们躲进一个"口袋"（学名"包囊"）内部，保持休眠状态。等到苔藓丛中水分充沛时，它们再出来活动。

另见第3b页、第5b页、第13b页

0.5 mm

⑦ 甲螨

苔藓的冠部（上部）常有一些安静祥和的食草动物光顾，比如甲螨。它们喜欢这里的湿度，还有长在这儿的各种藻类和真菌*。

另见第13b页

1 mm

⑧ 弹尾虫（俗称"跳虫"）

多种弹尾虫都在苔藓丛中寻求庇护，寻找食物。不过它们并不吃那些营养价值不高的苔藓叶子，而是收集苔藓丛中的植物残留：花粉粒和植物碎屑。

另见第13b页

一丛苔藓的复苏

森林里干枯褐黄的苔藓上，隐藏着无数沉睡的生命。只需几滴雨水或露水，它们就能恢复生机。一沾到水，这个微型森林渐渐恢复绿色，再次舒展叶片，像海绵一样充满水分，那些小生命也跟着从深沉的睡梦中苏醒。缓步动物缓缓舒展身体，开始活动；线虫和轮虫伸展着、扭动着，再次踏上征程，去寻找食物；在苔藓的上层部分，弹尾虫和甲螨又回来了。瞧，它们正有滋有味地啃食那些微小的藻类和真菌*呢。

来观看一下这个奇迹般再生的迷你沉睡森林吧。

湿润环境下的林中苔藓

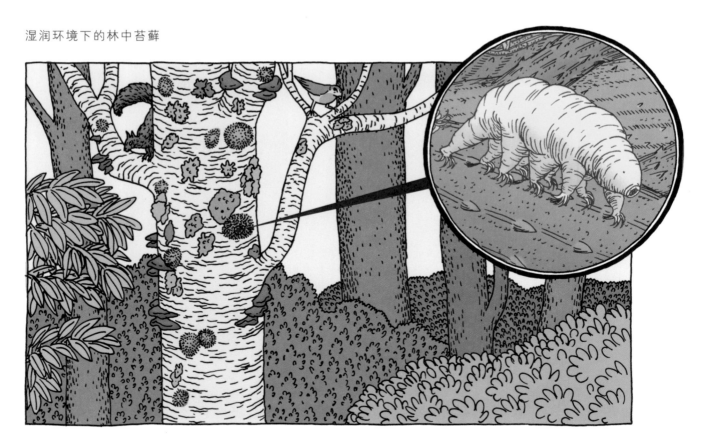

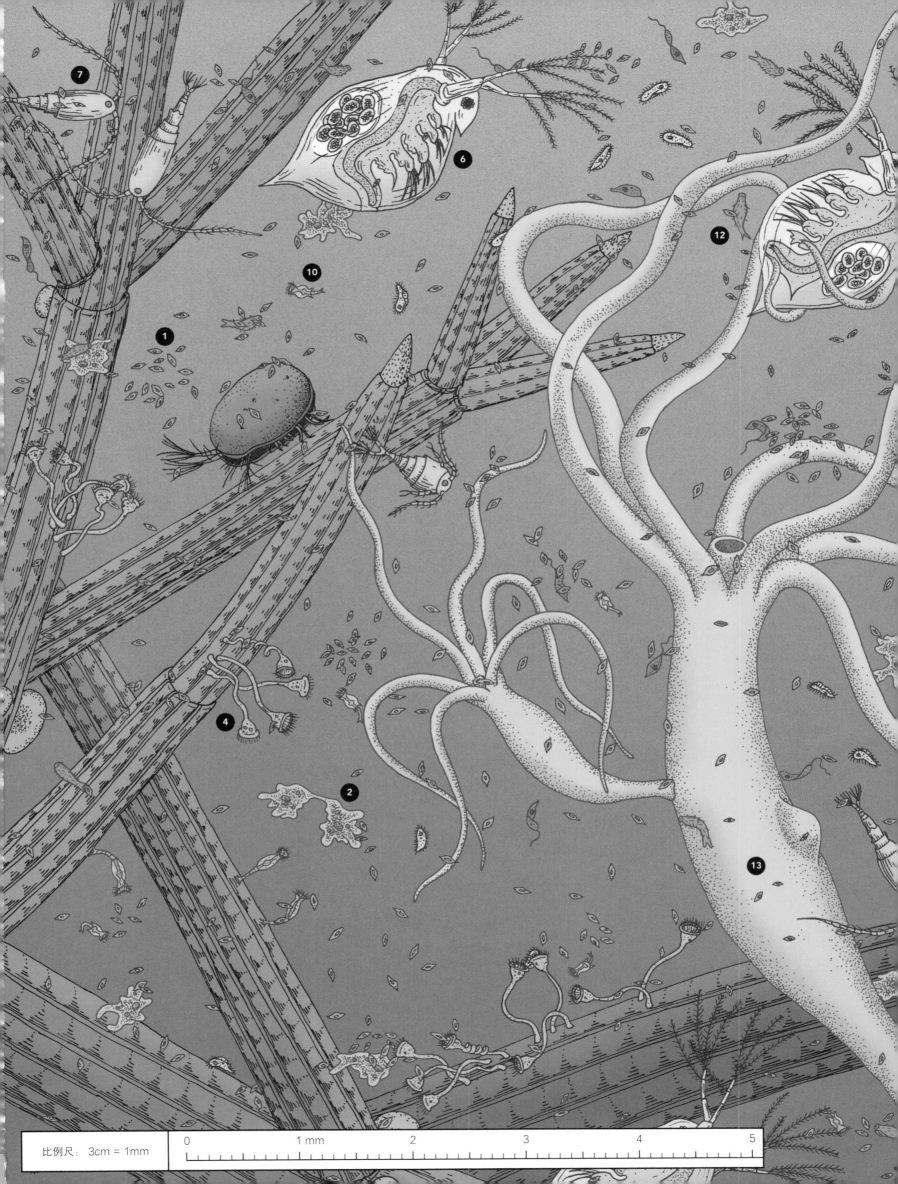

比例尺：3cm = 1mm

死水下的不眠之城

① 硅藻纲舟形藻

硅藻是一种微型藻类，同植物一样，利用太阳光来制造生长需要的有机物。这一光合机制同时产生了对地球生命至关重要的氧气。此外，它们还是很多淡水浮游动物（如介形虫和桡脚类）的主要食物。

另见第1b页、第3b页、第19b页

② 阿米巴原虫

阿米巴原虫属原生生物，是一种单细胞生物。*它们身体柔软，可无限变形，也可伸出类似触手的伪足。捕获猎物时，阿米巴原虫用可伸展的伪足包围细菌*和硅藻，将它们并入体内，吞噬、消化。增殖时，阿米巴原虫逐渐一分为二，变成含有细胞核的两个半球，最终半球各自变成一个阿米巴原虫成虫。

③ 草履虫
④ 钟形虫

卵圆形的草履虫，以及钟状、柄可收缩的钟形虫，是淡水中最常见的纤毛虫种类。同阿米巴原虫一样，纤毛虫是单细胞生物*，属原生生物，但与阿米巴原虫不同的是，它们的身体覆盖纤毛，具有胞口。不同种类的纤毛虫形态截然不同。

⑤ 眼虫

眼虫是一种绿色的单细胞生物*，借助"小尾巴"即鞭毛的摆动来移动。这种原生生物具有根据环境改变营养方式的非凡能力：可以由植物性营养（自养型，通过光合作用进行）变为动物性营养（异养型，靠摄取食物进行）。

⑥ 枝角类

枝角类是一种微小的甲壳动物*，它外壳透明，游泳方式独特：借助两根发达的触角猛地向高处推起，然后缓缓坠落，给人的感觉像是在蹦跳，因此得名"水蚤"。在欧洲的沼泽和湖泊中最常见的枝角类群是水蚤属。

⑦ 桡脚类哲水蚤
⑧ 桡脚类剑水蚤

桡脚类不仅占据了海洋浮游动物的多数，也繁盛于淡水区域如沼泽中。哲水蚤有长长的触角，很容易鉴别；雌性剑水蚤也易于辨认，因为它们体侧挂有两个装卵的袋子。

另见第1b页、第3b页、第5b页、第19b页

⑨ 介形虫

我们有时会在沼泽中看到一团团密集的小棕点，它们有贻贝的外形，其实是一种微小的甲壳动物*——介形虫。介形虫是诸多鱼类和昆虫*幼虫［如孑孓（jié jué）］的主要食物。

另见第1b页、第19b页

⑩ 臂尾轮虫
⑪ 旋轮虫

除沼泽和池塘外，在雨水形成的水洼中，我们也能找到种类多到令人难以相信的轮虫。有一些轮虫可自由活动，靠游泳前进，如臂尾轮虫，而另一些则固着在藻类或者石块上生活，如旋轮虫。之所以叫轮虫，因为它们头部有两圈朝相反方向摆动的纤毛轮盘。纤毛摆动造成的水流可将食物带到口部强劲的咀嚼囊附近。

另见第15b页

⑫ 腹毛动物

生活在淡水中的腹毛动物借助腹部的长纤毛，探取爱吃的硅藻和其他单细胞*藻类。

另见第3b页

⑬ 水螅

水螅是海葵的近亲，是恐怖的食肉动物，靠布满刺细胞的触手捕获猎物，送入口中；尤其爱吃浮游动物中的甲壳动物*，如枝角类。水螅借助附着足（或称"基盘"）固着在沼泽中的植物上。水螅的英文名（hydra）同古希腊神话中的九头蛇海德拉相同，因为水螅和海德拉一样有强大的再生能力，被切断的身体部位能够重新长出来。

⑭ 蚊子幼虫孑孓

平静的沼泽水域中居住着大量蚊子（如幽蚊）的幼虫。这些幼虫晶莹透明，主要以轮虫为食，在水中发育直至变态成为蚊子。

死水下的不眠之城

平静的外表之下，沼泽死水里生机涌动，活跃着一个微型生物群。这儿好比一个大都市，交通往来无休无止。枝角类在水里四处乱跳，努力逃脱水螅的毒触手；介形虫，一种躲在甲壳下的微型虾，小心翼翼地在川流不息、四处交会的桡脚类浪潮中开出一条道路；腹毛动物，一种肥胖的小虫子*，在沼泽中穿梭划拉，为了一些宝贵的藻类跟可伸缩的小虫子——轮虫吵了起来；随处可见的那些单细胞生物阿米巴原虫，以一分为二的方式繁殖着。然而，这个水中"都市"看似美妙和谐，实则建立在极其脆弱的平衡基础上：其中任何一个物种的激增或骤减都有可能打乱秩序，危及所有生物的生存。

跟随不眠水城那永不停息的节奏，陶醉其中吧。

X 30 →

湿润地带的沼泽

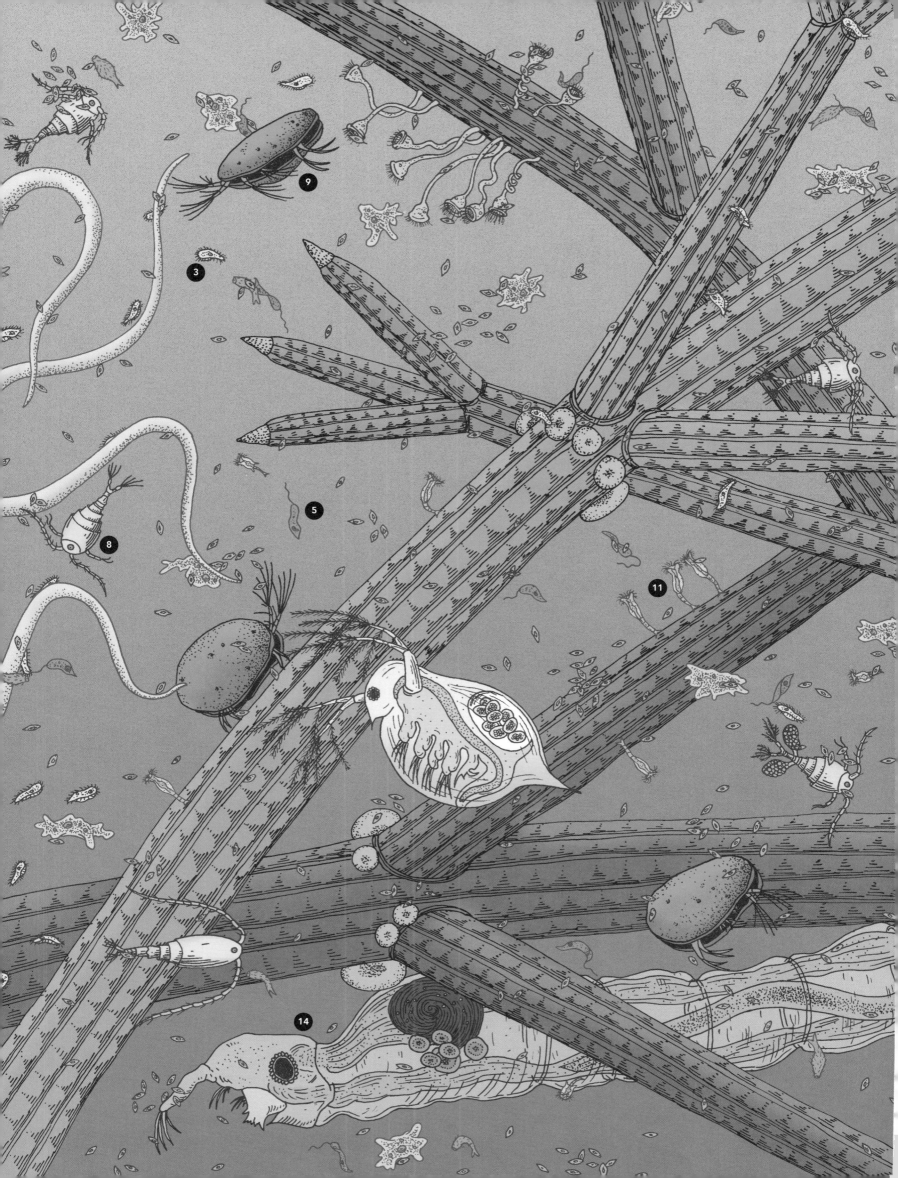

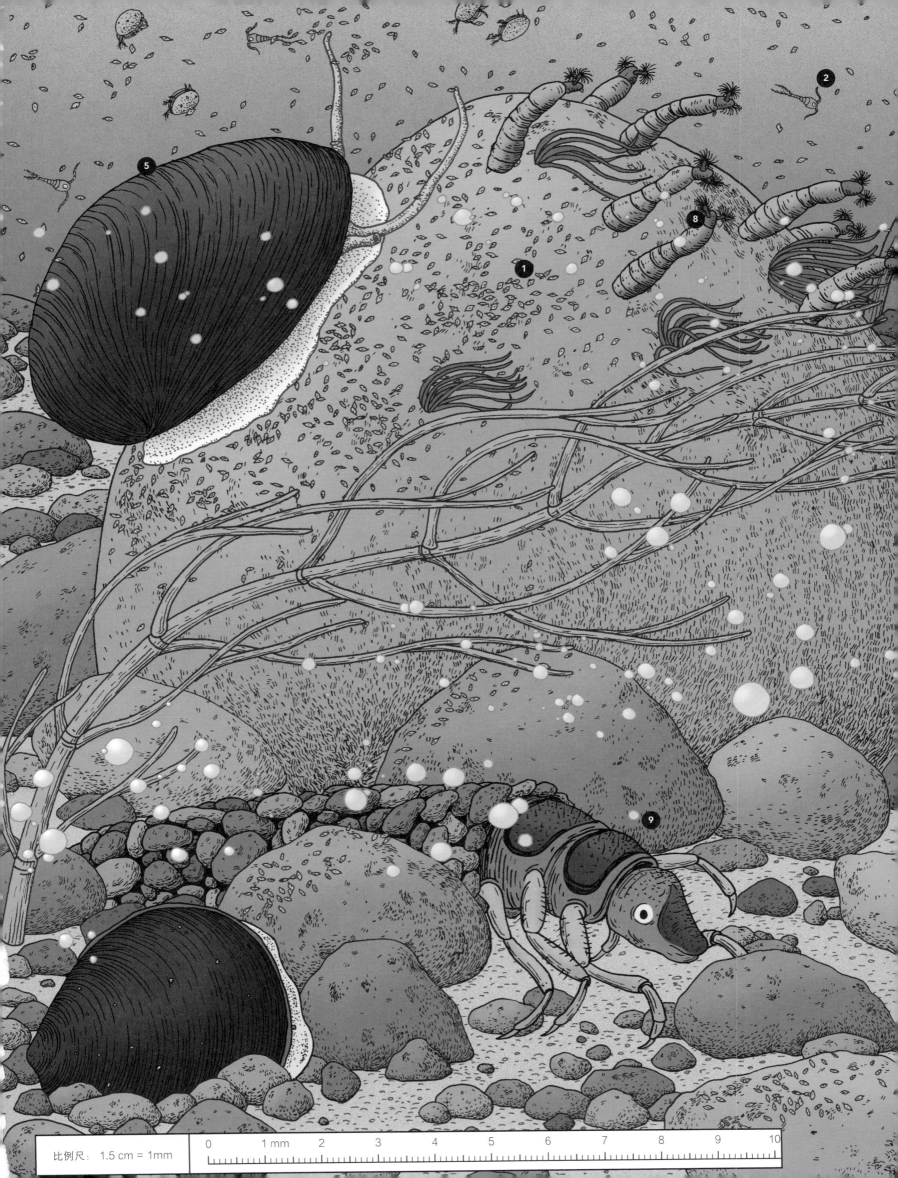

比例尺： 1.5 cm = 1mm

0 1 mm 2 3 4 5 6 7 8 9 10

河中小民的英勇斗争

1 硅藻

在湍急的水中，硅藻常随波逐流，不过它们也可以在河底的石块上聚集生长，形成一层褐色。它们是河流中诸多微小动物的主要食物。

另见第1b页、第3b页、第17b页

2 桡脚类

由于体形小且游泳能力有限，桡脚类无力抗拒水流。随着水流漂浮的过程中，它们就成了诸多捕食者唾手可得的猎物。

另见第1b页、第3b页、第5b页、第17b页

3 介形虫

介形虫和桡脚类一样，被水流拖曳着，一起构成了河流浮游生物。

另见第1b页、第17b页

4 豌豆蚬

这种小型淡水双壳纲软体动物生活在河底，很容易与小砾石混淆。它仅有一条肌肉足，可借此"爬行"、挂在砾石上或者躲在砾石堆中。进食时，它过滤流水，像渔网一样捞取植物碎屑。

5 蜒螺

蜒螺属小型淡水腹足纲软体动物，像吸盘一样固定在岩石上，抵抗湍急的水流。它在外壳的保护下缓慢移动，去吃长在石块上的藻类。

6 蜉蝣稚虫

蜉蝣稚虫生活在河底。在不同的发育阶段，蜉蝣发展出不同的策略，以防被水流冲走。首先是卵，它们借助纤毛，像锚一样固定在藻类或沙石上；卵孵化时，新出生的蜉蝣稚虫躲在砾石堆中，避开流水，采食硅藻。蜕皮几次后，稚虫身体变得扁平，腿上长出爪，靠爪子固着生活在河底的石块上。稚虫阶段可能会长达几年。出水后，成虫展翅飞翔，只是它的生命也仅剩几个小时。

7 涡虫

这种虫子*身体扁平，蜷缩在石块下守候猎物。一旦猎物经过，它身体一个波浪式前进，猛地扑向猎物，借助腹部的纤毛抓获猎物，然后用一种消化液将猎物包裹，再用位于腹部中央的口将其吸入。

8 蚋幼虫

小小的蚋幼虫只有一足，足上有吸盘，幼虫借此在河中的岩石上固着生活。它们聚集成群，一动不动，借助口附近的小簇毛刷收集水流带起的硅藻和浮游动物。幼虫出水后，变态发育为蚋。

9 石蛾幼虫（石蚕）

为了躲避水流，逃避捕食者，石蛾幼虫会建造一个独具匠心的藏身之所：分泌一种黏性唾液，绕着自己编织一个如同睡袋的巢壳。根据找到的原材料，巢壳可被沙粒、枯枝或贝壳碎块覆盖。石蛾幼虫常常像蜗牛一样背着巢壳行走，一有危险靠近，就消失在壳内。石蛾成虫是一种外形似蛾的有翅昆虫*。

很多小到只能在显微镜下观察到的动物，如蜉蝣和石蛾幼虫，对河水中的污染和氧含量异常敏感。因此，这些物种可作为生物指标*，因为它们的存在或缺失可佐证水质的好坏。

10 水螨

生活在淡水中的多数水螨体色为红色，很容易被发现。这种河中生物腿上长毛，有爪，遇到水流冲刷时靠爪子紧抓在植物或石块上。

河中小民的英勇斗争

生机盎然的河水轻快前行，沿途卷起万千生命。那些没有力气固定在河底的微型甲壳动物*被流经的河水卷挟而走，如介形虫和桡脚类；另一些，如形似微缩贻贝的豌豆蚬（xiǎn），稳稳扎在沙石中，勇敢地对抗着流水的冲击力；远一点儿，夹在两个石块之间的石蛾幼虫安然地待在碎石块织成的巢穴中，静静观看水螨勇攀一株水生植物；在此期间，小型腹足纲软体动物蜓螺，正牢牢抓在一块石头上，美美地吃着硅藻；石块上还有一些蚋（ruì）幼虫，它们用吸盘足紧紧固定在上面；一只几近成虫的蜉蝣（fú yóu）稚虫（亚成虫）终于紧紧扒在了卵石上，试图逆流勇进。

潜入这片汹涌的河流底部，一览微小"居民"那永无止境的英勇斗争吧。

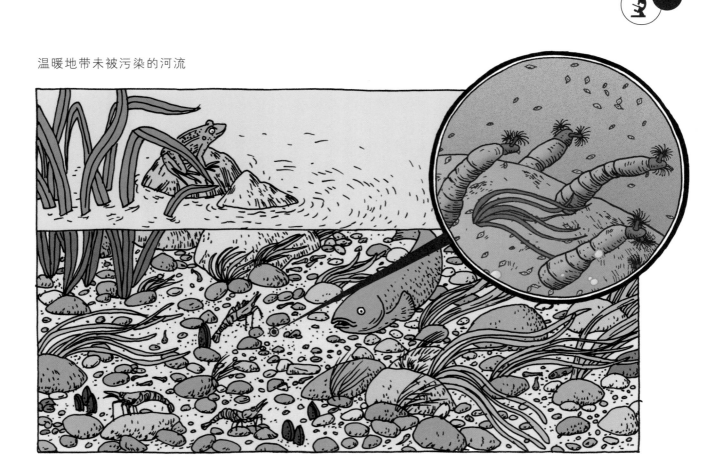

温暖地带未被污染的河流

专业名词解释（按首字母排序）

比例尺

为了观察微型生物，需要呈现一个比现实大许多倍的图像，使肉眼看不到的东西可见。观察对象越小，所需放大倍数就越大，比例尺也随之增大。比如，50倍的放大倍数意味着图上的5cm对应现实中的1mm。

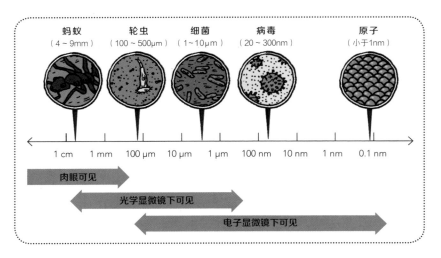

比例尺

长度单位

测量微型生物的大小时，需要采用合适的长度单位：如毫米（mm，相当于千分之一米）和微米（μm，相当于千分之一毫米），甚至纳米（nm，相当于百万分之一毫米）。

即：1 mm = 0.001 m，1 μm = 0.001 mm，1 nm = 0.000001 mm。

采 样

根据所研究微型生物生活环境的差异，科学家们采取不同的采样方法。对于海生浮游动物，他们使用小网眼的过滤网，将其置于海水中，停留几分钟；对于生活在陆地和沙子中的生物，则采用筛样法，将样品过筛子，只保留特定大小的生物；至于苔藓，则需将它们挤压，以"榨"出富含微型生物的汁液。

见右上图 贝氏漏斗使用简图

虫 子

长期以来，我们把那些身体柔软细长的动物都笼统地称为"虫子"。实际上，从系统发育分类学*的角度来看，它们的亲缘关系很远。现在我们将其分为三类：线形动物，即线虫（见第3页、第5页、第15页），现在别称"圆虫"，与其他两类的区别在于皮肤光滑；环节动物［如蚯蚓（见第13页）和多毛虫（见第5页）］，身体分节，身上覆盖着起爬行作用的刚毛；此外，还有那些身体扁平而长的扁形动物（如涡虫，见第19页）。

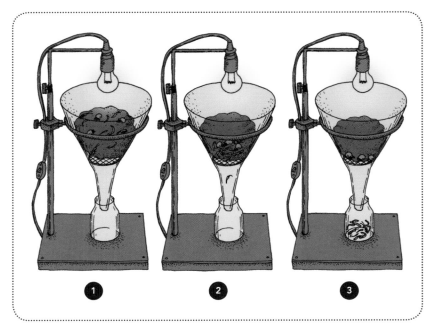

贝氏漏斗（从土壤中采集微型生物的仪器）使用简图

1. 将落叶层（森林土壤上层）样品置于一个放在容器之上的漏斗内，然后将整个装置放在光下。
2. 落叶层中的微型生物为躲避光照和由此产生的热量，钻入漏斗底部。
3. 网眼或大或小的筛子将落叶层留住，而漏下微型生物。后者落入容器中，随后被置于显微镜下观察。

单细胞生物

我们将生物区分为只有一个细胞的单细胞生物和具有两个或多个细胞的多细胞生物。单细胞生物又被区别为两类：不具有细胞核的，如细菌*；以及含有至少一个细胞核的，如原生生物*。

多细胞生物，如动物，具有多个细胞，其中每个细胞都含有一个细胞核；不同的细胞联合构成骨骼、皮肤、器官等构造。

分类学

生物分类学将地球上多种多样的生物区分开来，依据不同的标准划分到不同的类群中。其中，种是最基本的分类单元，集合了那些相互之间可以交配繁衍的个体。几个相近的种归入同一个属内，属又归在科之下。以此类推，直至最大的类群——界*。

以往这一分类以形态学和解剖学为依据。新的分类体系——系统发育学划分类群时不再单纯以形态的近似为依据，同时还参考了基因的相似性。因此，这种分类方法能够在生物之间建立亲缘关系，确定共同祖先，从而理解物种的演化。不过，系统发育关系时有变更。比如，根据最近的研究，某些微生物物种在系统树中的位置有所改变。

见下页图 欧洲室尘螨的生物分类

欧洲室尘螨的生物分类

种　欧洲室尘螨

属　尘螨属

目　蜱螨目

纲　蛛形纲

门　节肢动物门

界　动物界

寄生者

指寄生物，依靠另一种生物（寄主）提供生活物质而生存的生物。寄生物从寄主的活细胞和组织中摄取养分为生。分体内寄生和体外寄生两类。寄生动物统称为寄生虫。

甲壳动物（亚门）

甲壳动物隶属于动物界节肢动物门*，具有触角和铠甲一样的外骨骼，多数种类有5对步足。它们形态多样，大小不一。其中既有微不足道的桡脚类、沙蚤、小虾，也有一些个头大得多的物种，如某些螃蟹和巨大的龙虾。甲壳动物生活在水中，仅有鼠妇例外，它是陆生的。

见图1　甲壳动物（幼体和成体）

节肢动物（门）

节肢动物是动物界中种类最多的一门，主要特征为身体和附肢分节，骨骼在体外而非体内。节肢动物的骨骼是一种保护壳，类似骑士的铠甲，我们称之为角质膜或外骨骼。节肢动物成长过程中必须经历蜕皮，也就是说，蜕去旧的角质膜，换上新的。

界

界是生物分类的最高等级。长久以来，分类学*都简单地将生物区分为两大类群或两界：动物界和植物界。19世纪和20世纪，显微技术的进步使得更多的生物界如原生生物*界、细菌*界，甚至古细菌界得以发现。当前，科学家们倾向于六界划分。

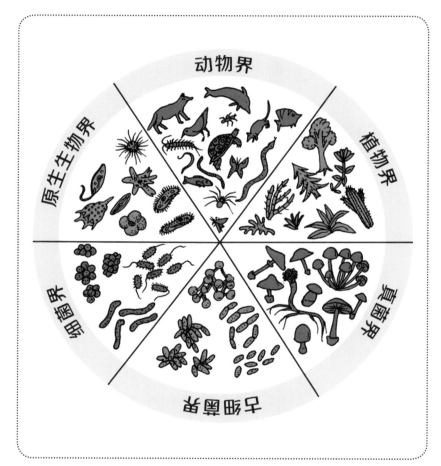

动物界　植物界　原生生物界　真菌界　细菌界　古细菌界

生物的六大界

昆虫（纲）

见六足动物（亚门）。

六足动物（亚门）

六足动物是节肢动物门*中很重要的一个类群，其中包含的种类超过100万种。它们的特点是有3对足，分节的身体分为头、胸、腹三部分。六足动物的主要代表是昆虫和弹尾虫（见第13 b页、第15 b页）。

介形虫

长度：1 mm

蟹类的大眼幼体

长度：1.8 mm

桡脚类

长度：1 mm

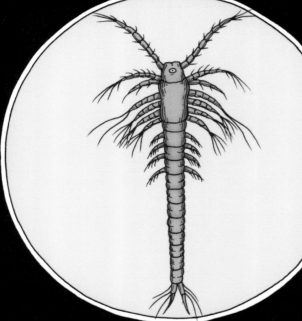

须虾

长度：0.5 mm

枝角类

长度：2 mm

鼠妇

长度：3 mm

图1　甲壳动物（幼体及成体）

螨虫

螨虫和蜱虫是蜱螨目的两大类。同蜘蛛和蝎子一样，蜱螨属于节肢动物门*蛛形纲*。与蜘蛛不同的是，它们全身不分节，头胸部和腹部合为一体。蜱螨种类繁多，生活环境千差万别。甲螨和革螨生活在森林土壤中；尘螨则偏爱室内环境，尤其喜欢我们的床垫；毛囊蠕形螨甚至会在我们的面部安营扎寨；还有些种类生活在淡水或海水中，如水螨。

见图2 蜱螨

生态系统

生态系统由特定环境以及生活在其中、交互作用并与环境相互作用的所有生物组成。根据研究兴趣点不同，它可浩大可渺小。我们的地球可被看作一个极其庞大、复杂的生态系统，大洋、陆地也是。从小的尺度上来讲，森林、池塘、海滩、河流也是生态系统。一丛苔藓、一株树桩，或是一块岩石上都住着大批微小的生物，可被视作微型生态系统。

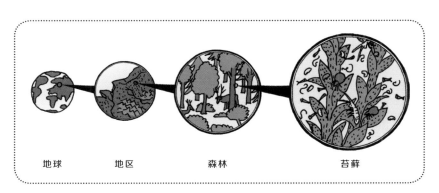

不同的生态系统：从地球到一丛苔藓

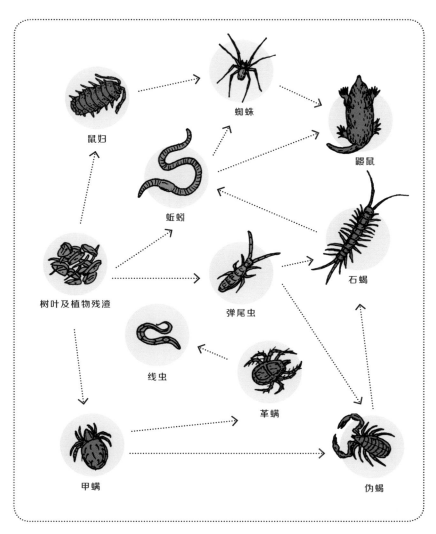

森林土壤中的食物网

箭头┈┈┈➤表示"被捕食"

生物指标

一些微型动物或植物对环境的改变非常敏感。通过观察它们在环境中的存在与否，我们可以大致知晓生态系统*的状况。比如，对河流中微型生物的研究可让我们了解河流污染状况。同样，线虫和桡脚类的数量有时会作为生物指标，用以衡量大洋大海的污染级数。

食物链（网）

植物和细菌*构成了诸多微型动物的食物基础。而微型动物可能是其他捕食者的猎物，捕食者同时又可能是超级捕食者的受害者。这一关联关系被称为食物链。今天，科学家们更偏向于用食物网一词来描述这些错综复杂的关系，因为同一动物会有不同的食物，也有可能是多个捕食者的猎物。这些复杂的关系建立在一个脆弱的平衡之上，只要其中一个物种消失，就会影响乃至威胁到食物网中的其他动物，包含我们人类。

嗜极端生物

如果某个生物能够在不利于多数其他生物生存的环境或条件下存活，就称之为嗜极端生物。很多微型动物都属于嗜极端生物，它们能抵抗超高温环境（如缓步动物）或者冰冷环境（如雪跳虫），甚至能抵抗深海缺氧环境（如铠甲动物）。

微动体

17世纪，荷兰的安东尼·范·列文虎克发明了简易显微镜*，将一个肉眼无法看到的新世界展现在世人眼前。他把那些生活在其中的微小生物称为微动体（animalcule）。今日，微动体一词已不再被科学界使用。

微生物

19世纪末，人们将在显微镜*下发现的大量微型生物都不加区别、含糊地命名为微动体*、纤毛虫或微生物。今日，微生物这一术语主要用于医学领域，用以指代那些能够引发疾病的微小生物，如病毒、细菌*，以及某些原生生物*。

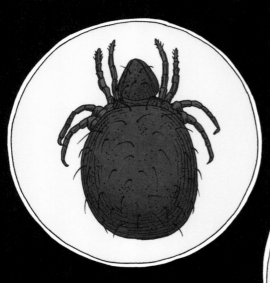

甲螨
长度：0.7 mm

蜱虫
长度：3 mm（吸血前）

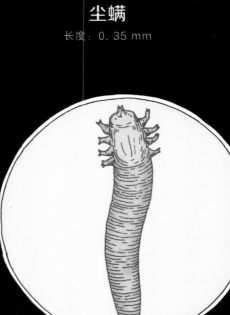

尘螨
长度：0.35 mm

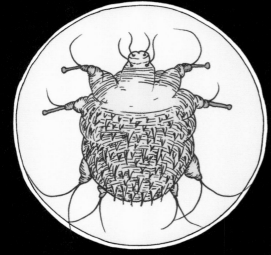

疥螨
长度：0.4 mm

水螨
长度：2 mm

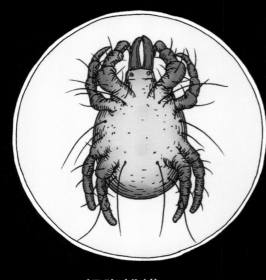

粗脚粉螨
长度：0.5 mm

蠕形螨
长度：0.15～0.5 mm

海螨
长度：0.4 mm

图2　蜱螨

细　菌

细菌指的是一些大小约1μm（微米，百万分之一米）的单细胞生物，是地球上最早的生命形式，单独构成一个界*。它们种类异常丰富，广布各种生态环境，甚至可生活在人体内。细菌位于食物链*的底端，为多种微型动物提供了充足的食物。

显微镜

显微镜是由一个或多个透镜组成的仪器，可将视物放大，因此被广泛用于微型生物和物体的研究中。

得益于显微镜的发展完善，科学家们不断发现一些更加微小的生物，如原生生物*、细菌*和病毒，极大地推动了生物学和医学的发展。

见图3　显微技术发展简史

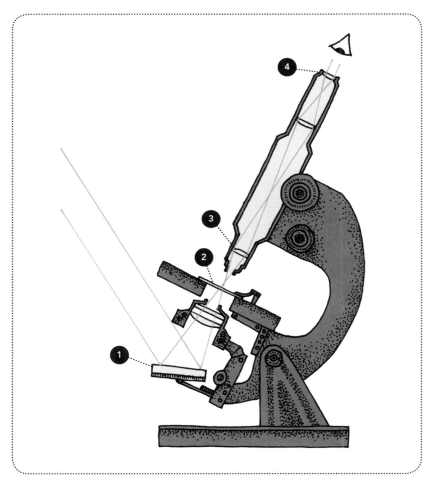

复合显微镜工作原理示意图

1. 镜子将外源光线聚焦到被观测样品上。
2. 样品被置于一层薄薄的、可使光线透过的玻璃片（载玻片）上。
3. 第一个透镜（物镜）将样品放大成像。
4. 第二个透镜（目镜）将图像二次放大并将图像"稳定"。

原生生物

19世纪末，随着显微技术的进步，科学家们发现了一些新的、只有一个细胞的微小生物，如草履虫、眼虫、硅藻等。通过研究，他们认为这些生物既不能归于动物，也不能归于植物。于是，创立了原生生物界*，将那些形态不同、生活方式各异的水生微型生物全都囊括其中。

随着对这些生物的更进一步研究，证实它们的多样性异常丰富，甚至引起了对原生生物界存在合理性的质疑。然而，因其在分类中使用方便，这一说法被沿用至今。

见图4　原生生物

真　菌

真菌和动物、植物一样具有完整的细胞结构，但不进行光合作用。真菌在自然界分布广泛，从微小的单细胞真菌（如酵母菌）到大型多细胞真菌（如蘑菇、银耳、灵芝）。

蛛形纲

蛛形纲隶属于节肢动物门*。本纲的代表除蜘蛛外，还有伪蝎、蝎子和蜱螨。它们与昆虫的区别在于：有8条腿，口附近有1对镰刀或钳子状的钩子，即螯肢。蛛形纲动物的大小各异，小则不到1mm，大则长达15cm（狼蛛属的某些种类）。

中世纪
透镜的使用历史演变

尽管放大镜的原理在古时候即已为人所知，但直到中世纪，随着阅读镜（一块大大的镜片，放在文本上，用来放大文字、方便阅读）的使用和夹鼻眼镜（两块装在夹鼻架上的镜片）的发明，它才被广泛使用。这期间，很多博物学家开始用放大镜来观察微小的昆虫*。

1590年
复合显微镜的发明

1590年，荷兰眼镜商詹森父子发明制造出由两个而不是单个镜片组成的新型复合显微镜。复合显微镜呈筒状，只不过两端各带一个镜片：靠近眼睛这一侧的叫作目镜，靠近被观测物那一侧的叫作物镜。复合显微镜放大倍数可达实物的10倍。

1650年
复合显微镜的改进

17世纪中期，英国科学家罗伯特·胡克通过使用三联镜片增加了复合显微镜的放大倍数。借助于一种巧妙的照明系统，他同时成功地改善了视野亮度。高达30倍的放大倍数使罗伯特·胡克得以绘制出虱子和螨虫的精准图像。

17世纪
简易显微镜的回归

17世纪后半叶，由于制造出一种放大倍数更大的新型便携简易显微镜，荷兰博物学家安东尼·范·列文虎克将同时代人的视野再次革新。之所以能做到这点，是因为他发明了一种新技术，打磨出的镜片更小、更精准，可安装在小型仪器中。得益于此发明，他发现了轮虫、精子、某些原生生物*，甚至细菌*。

18～19世纪
光学显微镜的完善

19世纪，复合显微镜技术的改进催生了许多发现，比如细菌*的发现，推动了医学的巨大发展。时至今日，这种光学显微镜仍被广泛用于微型生物的观察。

1933年
电子显微镜的发明

即使镜片完美、照明理想，光学显微镜的弊端仍无可避免：那些小于0.2mm的东西，因太小在正常光照下只能勉强被观察到。1933年，德国工程师们造出一台利用电子而不是光（光子）来"照亮"被观测物的电子显微镜。有了这台电子仪器，人类才得以观察、鉴定了诸多病毒。

图3 显微技术发展简史

眼虫

长度：0.3 mm

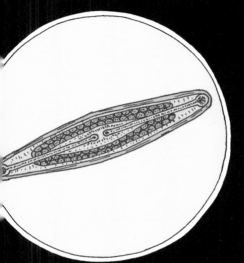

硅藻纲舟形藻

长度：0.1 ~ 0.5 mm

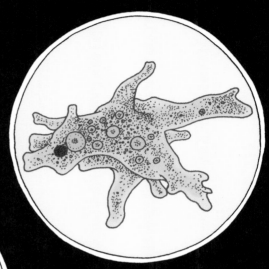

阿米巴原虫

长度：1 mm

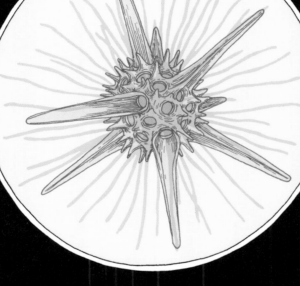

放射虫

长度：0.05 ~ 0.3 mm

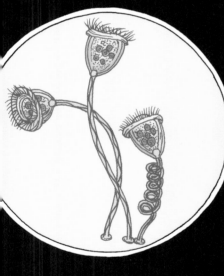

纤毛虫门钟形虫

长度：1 mm

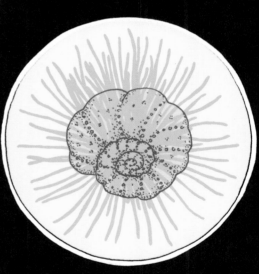

有孔虫

长度：0.5 ~ 1 mm

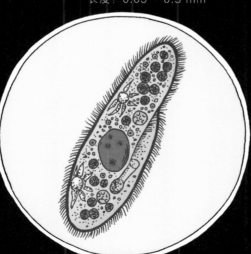

纤毛虫门草履虫

长度：1 mm

图4 · 原生生物